개념부터 문제풀이까지

입체도형
꼭꼭 씹어먹기

코담연구소 지음

작은서재

18년간 교육 현장에서 일하면서 그동안 많은 학부모와 이야기를 나누어왔습니다. 아이가 어릴수록 연산에 대한 걱정을 많이 하고, 연산의 진도와 정확성을 가지고 다른 아이와 비교하는 모습을 흔히 볼 수 있었습니다.

물론 연산을 정확히 하는 것은 중요합니다. 하지만 연산을 잘하는 경우에도 도형 파트를 접하면 어려워하는 아이들이 많습니다. 그동안 수학을 꽤 좋아하고 잘한다고 여겼던 아이가 공부하기 힘들어하면 학부모도 당황하기 시작합니다. 게다가 연산과 달리 도형은 학부모가 보기에도 만만치 않다는 사실에 더욱 놀랍니다.

초등 수학은 수연산 부분과 도형 부분으로 나누어져 있습니다. 그러므로 도형에 대해 제대로 개념을 잡아두지 않으면 초등 수학의 반을 포기하는 것과 같습니다. 문제는 여기에 그치는 게 아니라, 수학을 점점 재미없어 하고 어려워하면서 수학을 포기하는 '수포자'의 길로 접어들게 된다는 것입니다. 수연산은 반복 학습을 하다 보면 잘하게 되지만, 도형은 개념을 제대로 알지 못하면 문제를 풀기가 어렵습니다. 다시 말해 무엇보다도 개념 학습이 중요합니다.

이 책은 입학 전 또는 초등 저학년 아이들이 도형을 쉽게 이해할 수 있도록 핵심 개념을 꼭꼭 집어 설명했습니다. 또한 개념을 적

용한 문제 풀이를 통해 도형에 대한 기초를 탄탄하게 다질 수 있도록 했습니다. 그리고 '좀 더 알아보기'를 통해 심화학습을 할 수 있게 했으며, 해당 개념이 몇 학년 때 나오는지도 정리해 두었습니다. 그리고 교과서 문제를 수록해 학습 효과를 높였습니다. 이뿐만 아니라 학부모가 도형을 가르칠 때 염두에 두면 좋은 팁과 여러 가지 도형 놀이 방법도 소개했습니다.

이 책을 통해 아이들이 도형 감각을 익히고 도형 개념을 꽉 잡아 즐겁고 재미있게 공부할 수 있길 기대합니다. 책을 펴내는 데 도움을 주신 작은서재 사장님, 그리고 기도해 주신 여러분께 감사드립니다.

코담연구소 대표 이선용

1부 입체도형 친구들을 만나요

2부 쌓기나무로 놀아요

3부 전개도를 접어 보아요

1부

입체도형 친구들을 만나요

1 입체도형은 부피가 있는 도형입니다

개념 꼭꼭 입체도형은 길이와 폭, 두께, 즉 부피가 있는 도형입니다.

도형이와 지영이가
삼각형 종이와 사각형 종이로
탑을 쌓고 있어요.
종이를 차곡차곡 쌓으니
평면도형이었던 종이가
입체도형으로 바뀌었네요.

평면도형은 점, 선, 면으로 이루어집니다. 여기에 높이를 더하면 입체도형이 됩니다. 평면도형과 입체도형의 차이는 '높이'입니다.

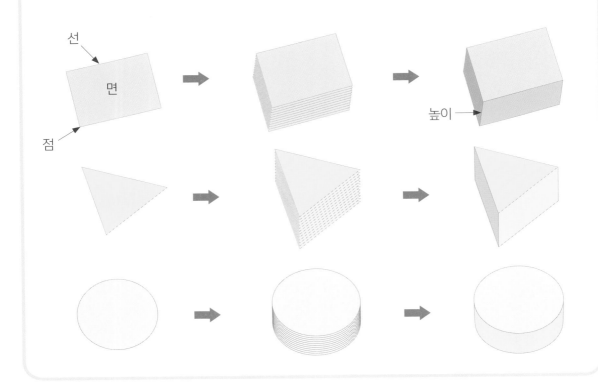

왼쪽과 오른쪽에 서로 관련 있는 도형들이 있어요. 알맞은 것끼리 연결해 보세요.

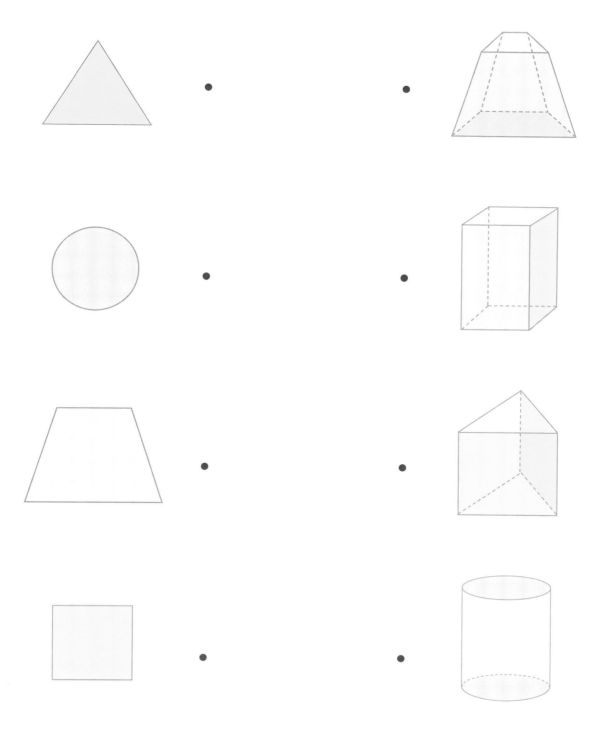

입체도형의 특징을 알아보아요

다음은 여러 입체도형의 특징입니다. 설명에 맞는 것끼리 이어 보세요.

1. 모든 부분이 평평하게 되어 있어요.
2. 잘 굴러가지 않아요.

•

1. 모든 부분이 둥근 모양이에요.
2. 어느 쪽으로든 잘 굴러가요.

•

1. 둥근 부분도 있고 평평한 부분도 있어요.
2. 한쪽 방향으로만 굴러가고 서 있기도 해요.

•

•

•

•

 1학년 때 다루어지는 내용입니다. 각 도형의 특징을 이해하고 설명할 수 있도록 지도해 주세요.

여러 가지 모양을 굴려 보아요

보기와 같이 어느 방향으로든 잘 굴러가는 모양에 ○표 하세요.

보기

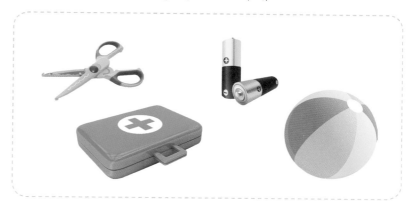

보기와 같이 한쪽 방향으로만 굴러가고 서 있기도 하는 모양에 ○표 하세요.

보기

보기와 같이 잘 굴러가지 않는 모양에 ○표 하세요.

보기

어느 방향으로든 잘 굴러가는 모양에는 ○, 한쪽 방향으로만 굴러가는 모양에는 △, 잘 굴러가지 않는 모양에는 □로 표시하세요.

공 모양을 알아보아요

다음 물건 중 보기와 같이 공 모양을 한 것을 골라 ○표 하세요.

보기

손잡이 컵은 어떤 모양인지 헷갈릴 수 있습니다. 직접 굴려 보면 쉽게 알 수 있어요.

기둥 모양을 알아보아요

다음 물건 중 보기와 같은 모양을 한 것을 골라 ○표 하세요.

상자 모양을 알아보아요

다음 물건 중 보기와 같은 모양을 한 것을 골라 ○표 하세요.

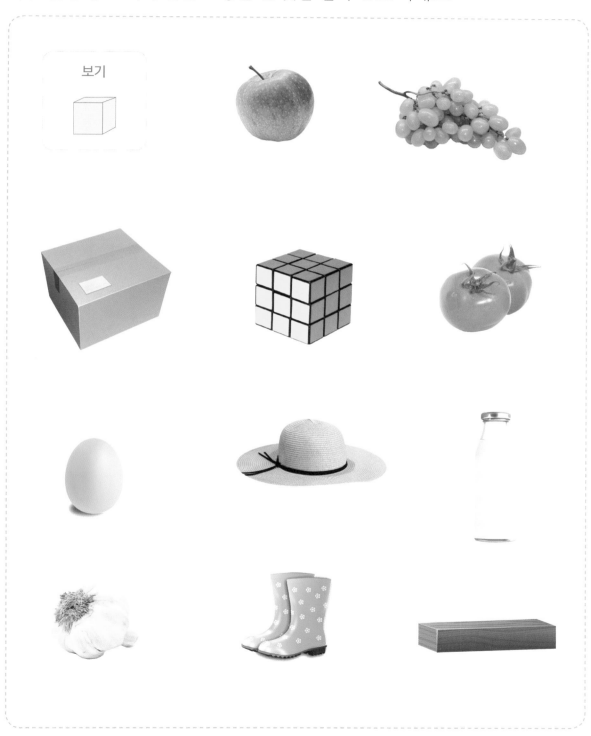

보기

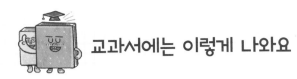

친구들의 설명에 맞는 모양을 찾아 맞는 것끼리 이어 보세요.

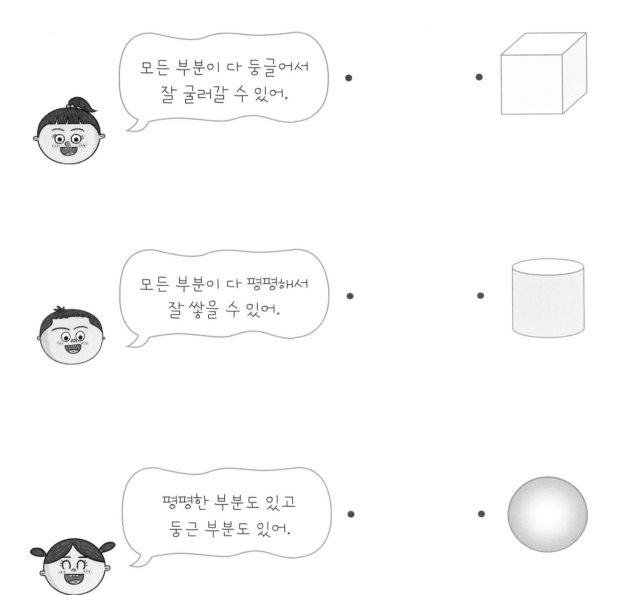

모든 부분이 다 둥글어서
잘 굴러갈 수 있어.

•   •

모든 부분이 다 평평해서
잘 쌓을 수 있어.

•   •

평평한 부분도 있고
둥근 부분도 있어.

•   •

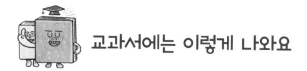 **교과서에는 이렇게 나와요**

일부분만 보이는 모양과 같은 모양의 물건을 모두 찾아 이어 보세요.

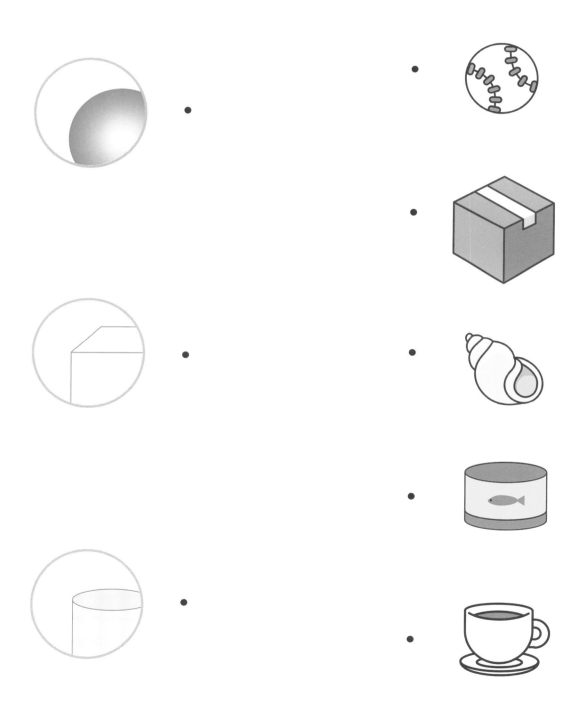

2 상자들을 만나요 – 직육면체, 정육면체

개념 꼭꼭 6개의 사각형이 모이면 상자 모양이 만들어집니다.

책, 주사위, 냉장고, 택배상자의 공통점은 무엇일까요?
모두 네모 반듯한 상자 모양입니다. 상자는 6개의 사각형으로 둘러싸여 있어요. 이 중에서 정사각형 6개로 둘러싸인 도형을 '정육면체', 직사각형 6개로 둘러싸인 도형을 '직육면체'라고 해요.

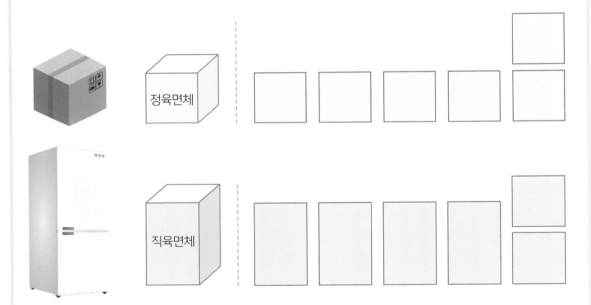

직육면체와 정육면체는 5학년 때 나오는 개념이지만, 자주 보는 모양이니 개념과 이름을 미리 익혀 두면 좋아요. 그러면 도형을 보다 정확하게 분류할 수 있어요.

집 안에서 직육면체 찾는 놀이를 해보세요. 우리 주변에는 수많은 직육면체가 있어요. 엄마와 아이가 번갈아 가면서 찾아보면 더 재미있게 즐길 수 있어요.

상자 모양을 찾아보아요

동물들이 저마다 다른 모양의 집에 살고 있어요. 상자 모양의 집에 ○표 하세요.

다음 도형 중 직육면체를 찾아 ○표 하세요.

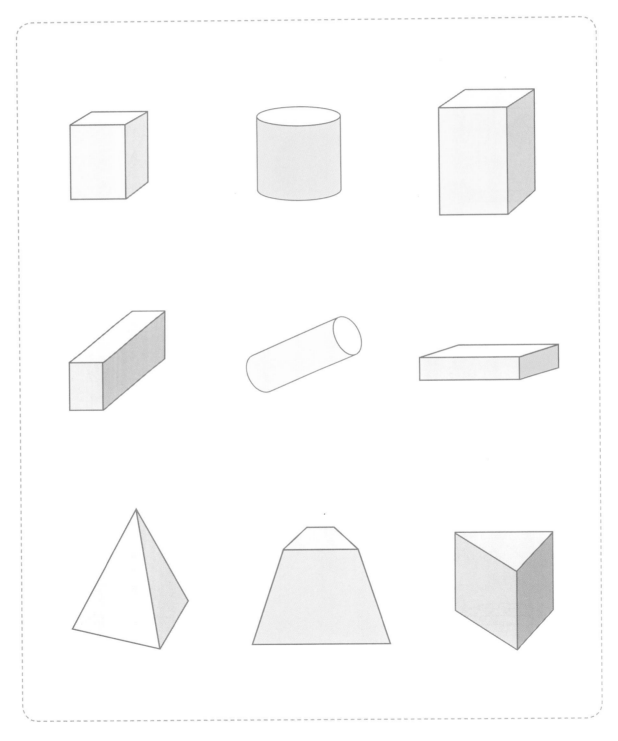

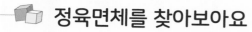 정육면체를 찾아보아요

다음 도형 중 정육면체를 찾아 ○표 하세요.

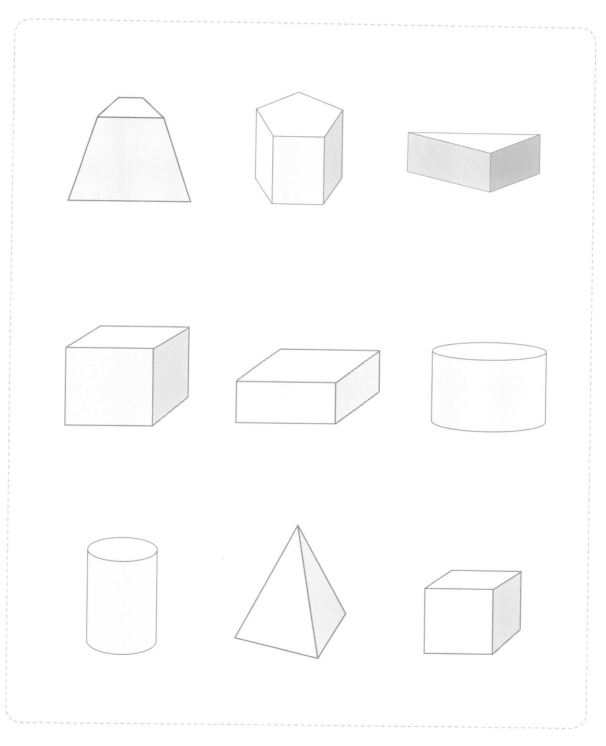

왼쪽 선물상자와 같은 모양의 상자를 찾아 줄을 그어 보세요.

 • •

 •

 •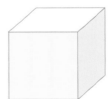

 • •

마주 보는 면을 찾아보아요

마주 보는 면을 찾아 보기처럼 같은 색깔로 칠해 보세요.

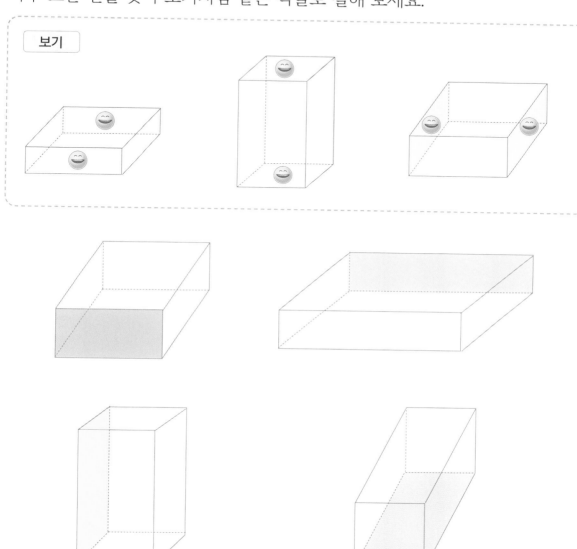

보기

 좀 더 알아보아요!

보이는 모서리는 실선으로, 보이지 않는 모서리는 점선으로 그린 그림을 '겨냥도'라고 합니다. 상자모양을 평면에 그린 겨냥도를 보고 평행한 면을 찾는 활동은 공간 지각 능력을 기르는 데 도움이 됩니다.

23

3 기둥은 두 면이 마주 보고 있어요

개념 꼭꼭 모양과 크기가 같은 두 면이 나란히 마주 보고 있는 도형을 '기둥'이라고 합니다. 각기둥과 원기둥이 있어요.

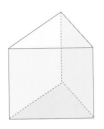   

삼각기둥   사각기둥   오각기둥   원기둥

밑면의 모양을 잘 살펴보면 각기둥의 이름을 알 수 있어요.

밑면

밑면

밑면이 삼각형 이면 삼각기둥

밑면이 사각형 이면 사각기둥

밑면이 오각형 이면 오각기둥

밑면이 원 이면 원기둥

24

왼쪽 기둥과 같은 모양을 한 것에 ○표 하세요.

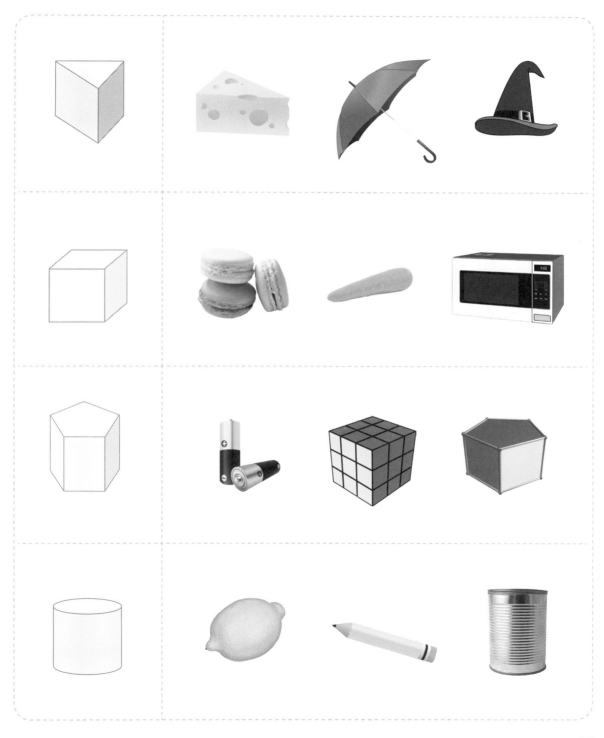

필요 없는 조각을 찾아 보아요

왼쪽 도형을 만들려면 오른쪽에 있는 여러 조각들이 필요해요. 그런데 맞지 않는 조각이 하나씩 들어 있어요. 찾아서 ○표 하세요.

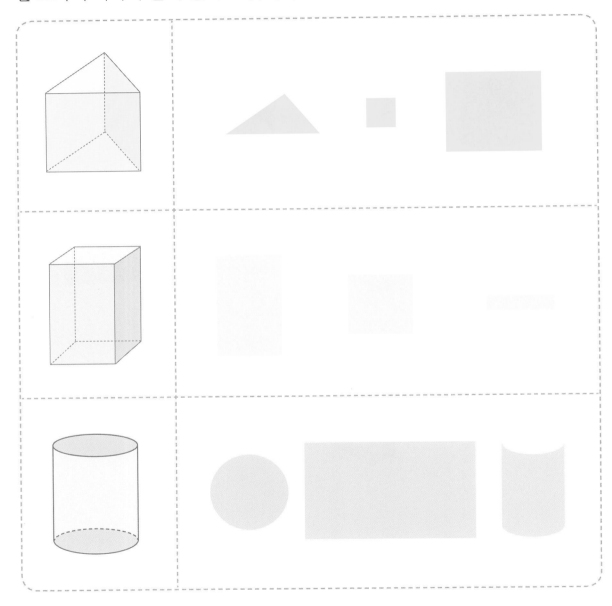

휴지심을 잘라서 원기둥의 옆면이 직사각형이라는 것을 아이와 함께 확인해 보세요. 종이컵도 잘라
보세요. 종이컵은 '원뿔대'에 속합니다. 옆면이 원기둥과 어떻게 다른지 살펴보세요.

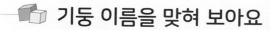 **기둥 이름을 맞혀 보아요**

각 기둥에 맞는 사다리를 타고 내려가 보기와 같이 알맞은 이름을 써 보세요.

원기둥   사각기둥   삼각기둥   오각기둥

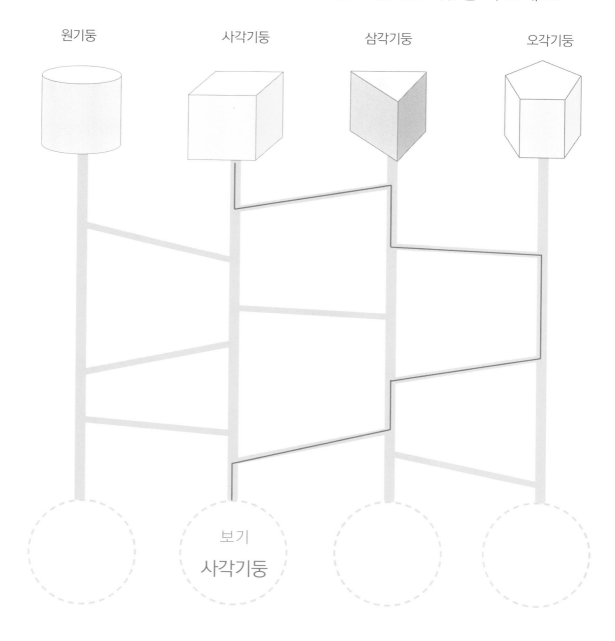

보기
사각기둥

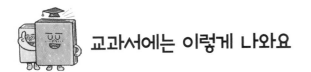 교과서에는 이렇게 나와요

물감을 묻혀 찍기를 할 때 나올 수 있는 모양을 모두 찾아 ○표 하세요.

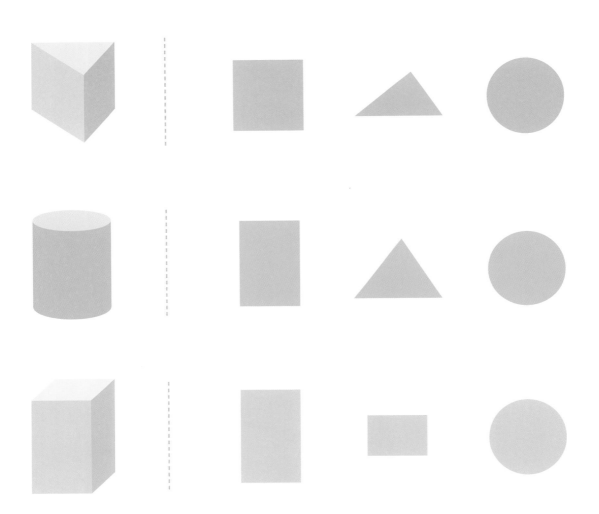

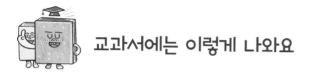

다음 그림에서 ▢ 모양은 □, ⬛ 모양은 △, ⚪ 모양은 ○표 하세요.

4 뾰족한 뿔을 살펴보아요

> **개념 꼭꼭** 밑면이 평평하고 위가 뾰족한 입체도형을 '뿔'이라고 해요.

밑면은 다각형이고 옆면이 삼각형인 뿔을 '각뿔'이라 하고, 밑면이 원이고 옆면은 곡면인 뿔을 '원뿔'이라고 해요. 각뿔은 위가 뾰족하고 옆면이 삼각형이고, 원뿔은 뾰족한 고깔 모양입니다.

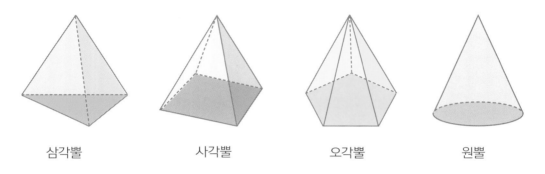

| 삼각뿔 | 사각뿔 | 오각뿔 | 원뿔 |

밑면의 모양을 잘 살펴보면 뿔의 이름을 알 수 있어요.

밑면이 삼각형 ▲ 이면 삼각뿔

밑면이 사각형 ■ 이면 사각뿔

밑면이 오각형 ⬠ 이면 오각뿔

밑면이   원   ● 이면 원뿔

여러 가지 뿔을 찾아보아요

다음 입체도형 중 삼각뿔을 찾아 △표 하세요.

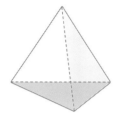  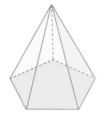 

다음 입체도형 중 사각뿔을 찾아 □표 하세요.

  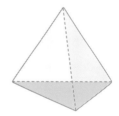 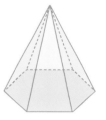

다음 입체도형 중 오각뿔을 찾아 ⬠표 하세요.

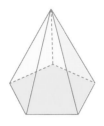   

다음 입체도형 중 원뿔을 찾아 ○표 하세요.

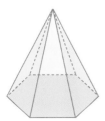  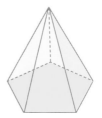 

각뿔을 찾으러 가요

왕자님이 공주님을 만나러 가고 있어요. 그런데 가는 길 곳곳에 괴물들이 기다리고 있어요. 공주님에게 가려면 각뿔이 있는 길을 따라가야 해요. 각뿔에 ○표를 하고 길에 선을 알맞게 그어 왕자님이 공주님을 만날 수 있게 도와주세요.

뿔을 찾는 과정을 통해 뿔의 특징을 쉽게 이해할 수 있어요. 각뿔은 위가 뾰족하고 옆면이 삼각형입니다.

뿔 점수를 계산해 보아요

왼쪽에 있는 뿔의 점수를 모두 합해 오른쪽 네모에 점수를 적어 보세요.
원뿔은 0점, 삼각뿔은 3점, 사각뿔은 4점, 오각뿔은 5점입니다.

보기

사각뿔 4점　　오각뿔 5점　　원뿔 0점　　9점

(　　)　　(　　)　　(　　)

(　　)　　(　　)　　(　　)

(　　)　　(　　)　　(　　)

33

5 여러 가지 모양을 만들어 보아요

여러 가지 모양을 만들 때는 빠뜨리는 도형이 없는지 꼼꼼히 살펴보아야 해요.

블록을 이용해 여러 가지 모양을 만들어 보세요. 만들다 보면 한두 조각을 빠뜨리는 경우가 많습니다. 먼저 기준이 되는 조각을 하나 정해 개수를 세어 보세요. 그러면 완성하기가 쉽습니다.

왼쪽 모양을 만들려면 오른쪽에 있는 도형이 필요합니다.

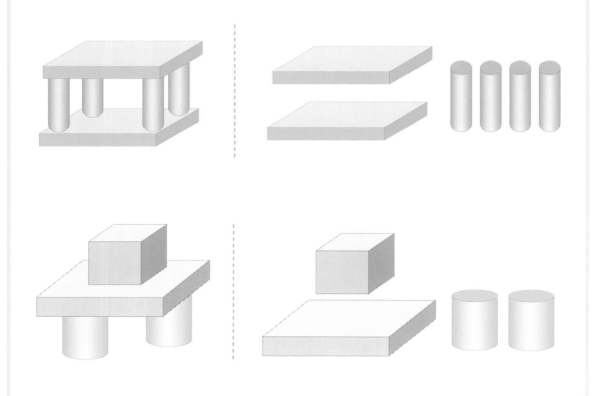

34

완성된 모양을 찾아요

왼쪽에 있는 여러 도형을 이용해 만들어진 모양을 찾아 줄을 이어 보세요.

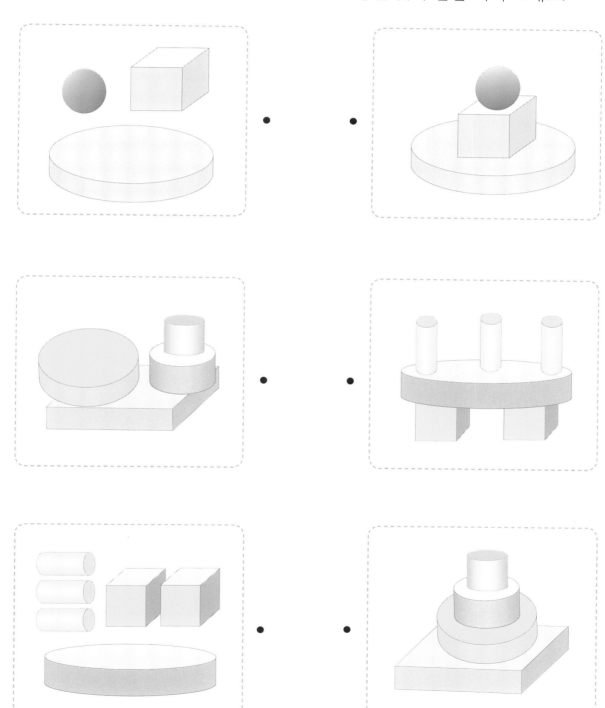

개수를 세어 보아요

왼쪽에 있는 모양을 만들 때 ⬜모양, ⬭모양, ◯ 모양을 각각 몇 개씩 사용했을까요? □ 안에 정답을 써 보세요.

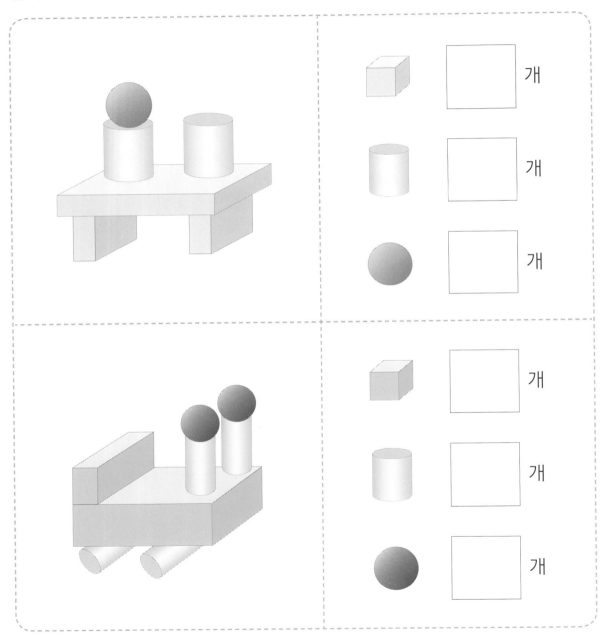

개

개

개

개

개

개

개수를 세어 보아요

왼쪽에 있는 모양을 만들 때 ☐ 모양, ☐ 모양, ◯ 모양을 각각 몇 개씩 사용했을까요? ☐ 안에 정답을 써 보세요.

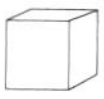

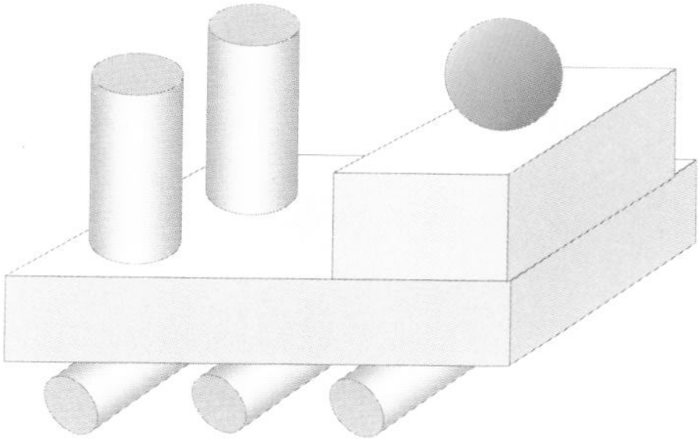

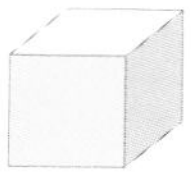

개

개

개

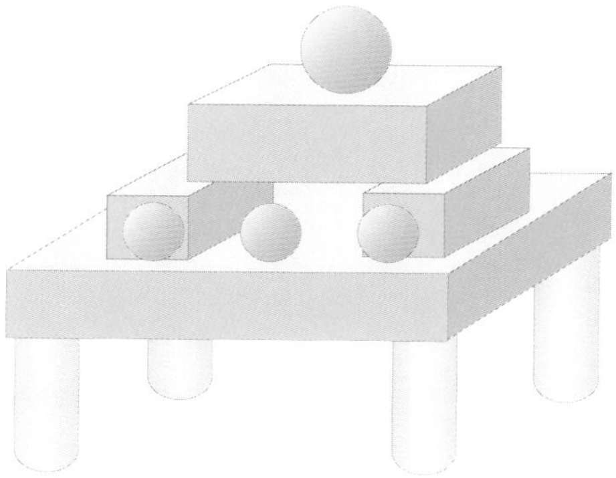

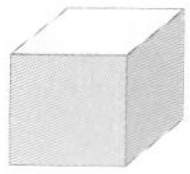

개

개

개

보기에 있는 도형으로 만들 수 있는 모양에 ○표 하세요.

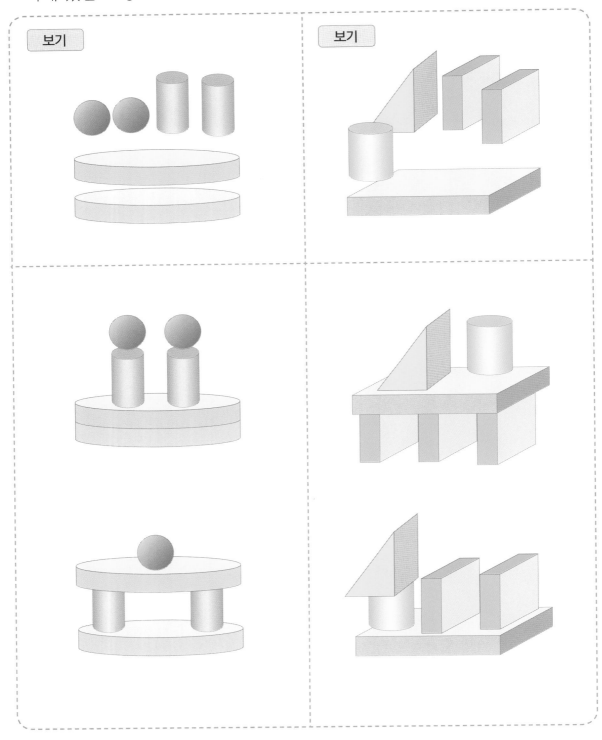

보기

보기

여러 가지 모양을 만들 수 있어요

보기에 있는 도형으로 만들 수 있는 모양에 ○표 하세요.

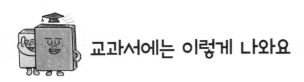

⬜ 모양, ⬛ 모양, ◯ 모양을 각각 몇 개씩 사용했는지 세어 보세요.

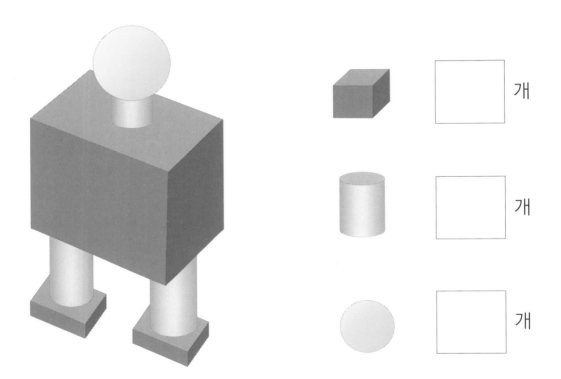

☐ 개

☐ 개

☐ 개

단순히 세어 보는 문제 같아 쉬워 보이지만 틀리기 쉬운 문제입니다. 꼼꼼하게 세어 보는 습관을 길러 주는 것이 중요합니다. 셀 때는 반드시 ✓ 나 ◯ 표시를 하며 세어 보세요.

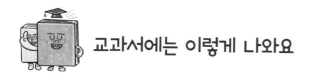
왼쪽 모양을 모두 사용하여 만든 모양을 찾아 이어 보세요.

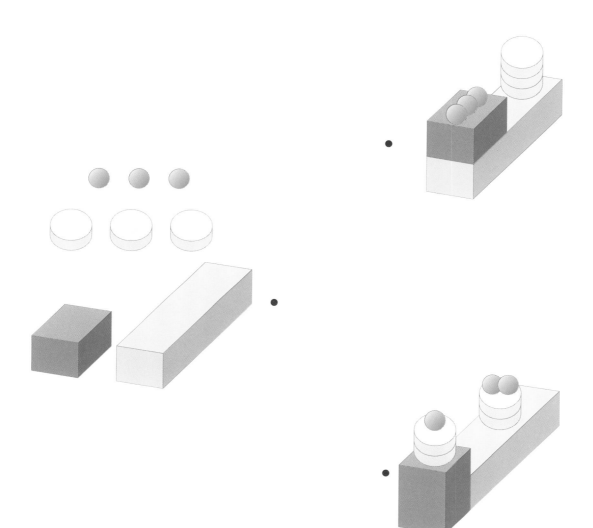

2부

쌓기나무로 놀아요

1 쌓기나무로 여러 모양을 만들어요

개념 꼭꼭 쌓기나무는 정육면체 블록입니다. 주로 나무로 되어 있고 쌓아서 모양을 만들기 때문에 '쌓기나무'라고 해요. 한 모서리의 길이는 2~2.5cm 정도입니다.

쌓기나무로 공간, 부피, 면적의 개념을 배울 수 있습니다. 스스로 만들어 보고 여러 방향에서 보이는 모양을 확인하는 활동을 통해 논리력, 사고력, 공간지각력, 창의력이 커집니다. 또한 까다로운 '도형 돌리기'도 쉽게 할 수 있답니다. 똑같은 개수의 쌓기나무로 다음과 같이 여러 가지 모양을 만들 수 있어요.

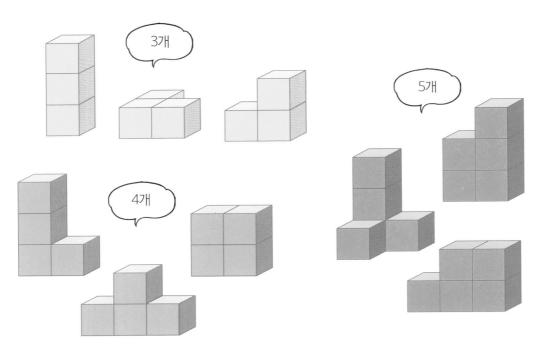

 좀 더 알아보아요!

2학년 때는 같은 모양 쌓기, 여러 가지 모양으로 쌓기, 개수 세기, 설명대로 쌓은 모양 찾기, 빼거나 더해 같은 모양 만들기 등의 활동을 합니다. 6학년 때는 쌓기나무로 만든 입체도형의 위, 앞, 옆에서 본 모양을 표현하고, 입체도형의 모양을 추측하는 활동을 합니다.

쌓기나무 3개로 여러 가지 모양을 만들어 보았어요.

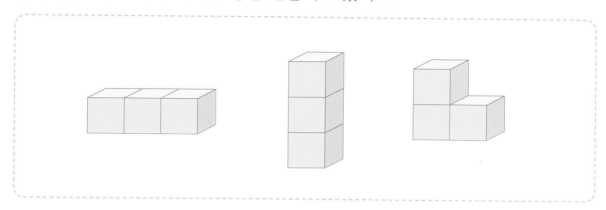

다음 중 쌓기나무 3개로 쌓을 수 있는 모양을 찾아 ○표 하세요.

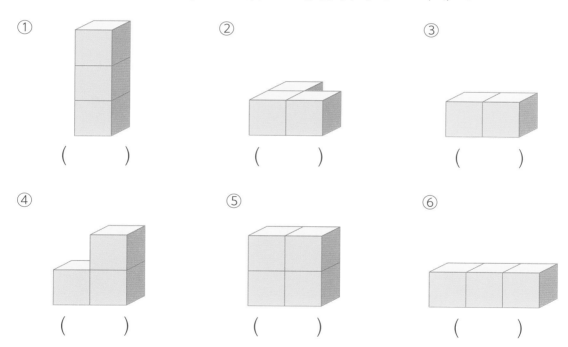

① ( ) ② ( ) ③ ( )

④ ( ) ⑤ ( ) ⑥ ( )

쌓기나무 3개로 만들 수 있는 모양은 크게 두 가지입니다. 이 두 가지 모양을 다양한 방법으로 돌리거나 뒤집어서 어떤 모양으로 보이는지 확인해 보세요. 대부분 어렵게 생각하는 '도형 돌리기'를 미리 연습할 수 있어요.

🧊 쌓기나무 4개로 만들어요

쌓기나무 4개로 여러 가지 모양을 만들어 보았어요.

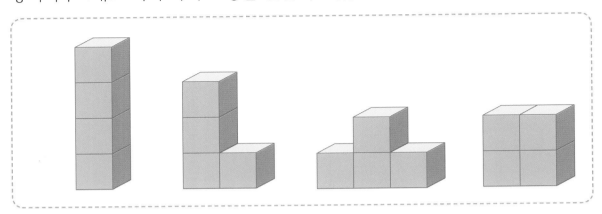

다음 중 쌓기나무 4개로 쌓을 수 있는 모양을 찾아 ○표 하세요.

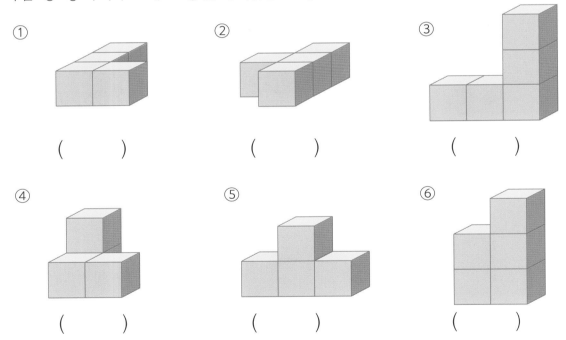

① (   )

② (   )

③ (   )

④ (   )

⑤ (   )

⑥ (   )

 쌓기나무 4개로 다양한 모양을 만들 수 있습니다. 심화 활동으로 1층에 3개, 2층에 1개를 쌓는 경우 2층 쌓기나무를 1층 쌓기나무 어느 곳에 두느냐에 따라 세 가지 경우가 생길 수 있습니다.

46

쌓기나무 5개로 만들어요

쌓기나무 5개로 여러 가지 모양을 만들어 보았어요.

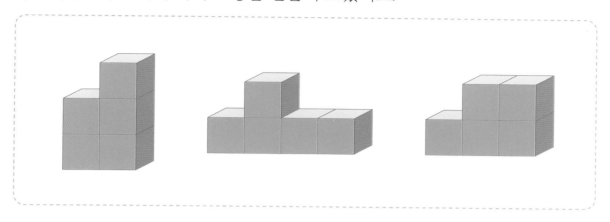

다음 중 쌓기나무 5개로 쌓을 수 있는 모양을 찾아 ○표 하세요.

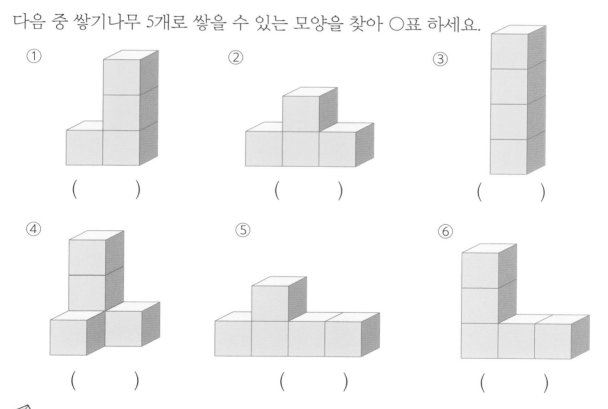

① ( )   ② ( )   ③ ( )

④ ( )   ⑤ ( )   ⑥ ( )

보기 4번의 경우 쌓기나무 5개 중 1개가 보이지 않지만, 밑에 있는 것을 알 수 있습니다. 보이지 않는 쌓기나무의 개수 찾기는 사고력 수학 문제에 종종 나옵니다. 단순한 것은 짐작으로 알 수 있지만, 가려진 쌓기나무의 개수가 많을 경우에는 전체 개수에서 보이는 쌓기나무 개수를 빼는 방법으로 문제를 푸세요.

쌓기나무 6개로 여러 가지 모양을 만들어 보았어요.

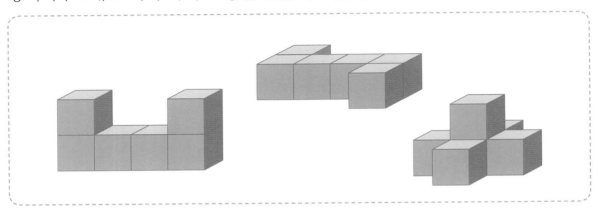

다음 중 쌓기나무 6개로 쌓을 수 있는 모양을 찾아 ○표 하세요.

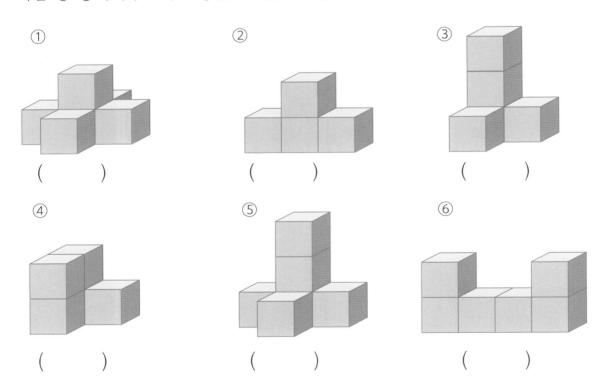

① ( )   ② ( )   ③ ( )

④ ( )   ⑤ ( )   ⑥ ( )

△ 보기 1번과 3번, 5번의 쌓기나무 모양은 비슷한 듯하면서 조금씩 다릅니다. 쌓기나무 1개가 어떻게 이동했는지 위, 아래, 옆(오른쪽, 왼쪽) 등의 방향 용어를 사용하여 아이와 이야기해 보세요.

48

2 쌓기나무 개수를 세어요

개념 꼭꼭 쌓기나무 개수를 셀 때는 층별로 세어야 합니다. 이때 보이지 않는 것도 빠뜨리지 않게 주의하세요.

늑대에게 혼이 난 아기 돼지 삼형제가 이번에는 쌓기나무를 이용해 집을 튼튼하게 지었어요.
각자 쌓기나무를 몇 개 이용했는지 살펴보아요.

첫째는 7개, 둘째는 6개, 셋째는 4개로 지었네요.
개수를 셀 때는 층별로 세어야 해요.

오른쪽 쌓기나무를 살펴보아요.
1층에는 3개, 2층에는 2개, 3층에는 1개가 있어요.
그래서 모두 6개(3+2+1)입니다.

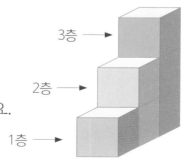

3층
2층
1층

49

쌓기나무를 쌓아 만든 모양을 보고 쌓기나무 개수를 세어 보아요.

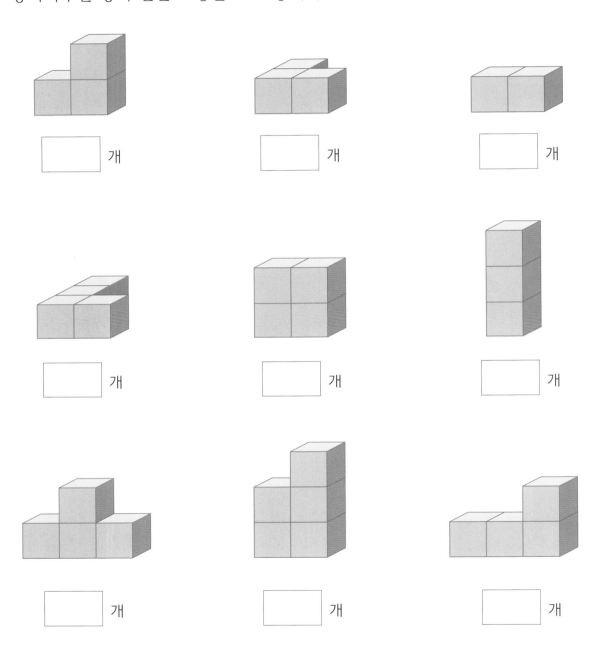

	개

	개

	개

	개

	개

	개

	개

	개

	개

아이와 함께 쌓기나무에 번호를 적어 보거나 직접 만들어 보며 개수를 확인해 보세요.

🧊 개수가 같은 것을 찾아요

쌀기나무의 개수가 같은 것끼리 선으로 이으세요.

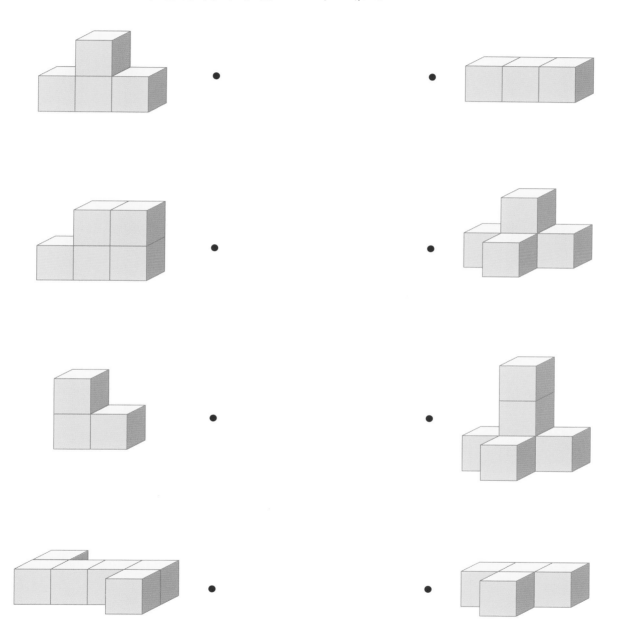

같은 모양을 찾아요

왼쪽 모양과 같은 모양을 찾아 ○표 하세요.

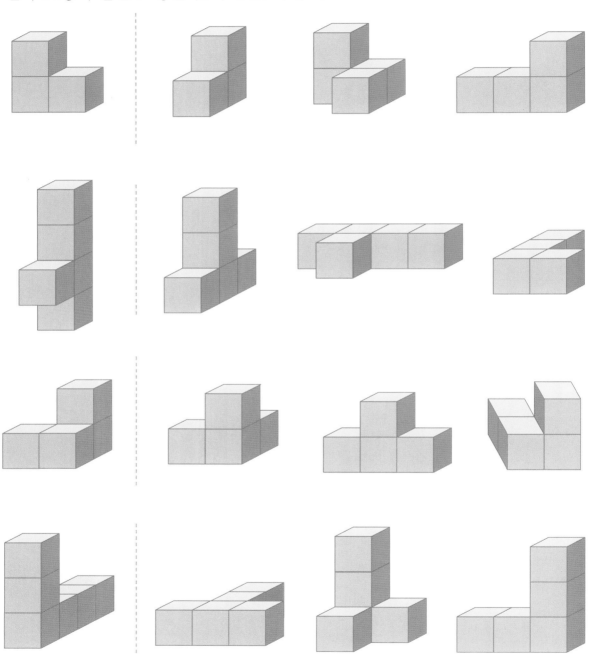

같은 모양이라도 어느 방향에서 보느냐 어떻게 돌렸느냐에 따라 모양이 달라 보입니다.

🧊 바탕 그림을 보고 쌓은 모양을 찾아 보아요

바탕 그림을 그리고 각 자리에 놓인 쌓기나무의 개수를 세어 보면 전체 개수를 세기 쉽습니다. 바탕 그림 (가)의 □ 안에 적혀 있는 수만큼 쌓기나무를 쌓으면 (나) 모양이 됩니다.

(가)

3	2
1	
1	

(나)

쌓은 모양을 보고 바탕 그림의 빈 칸에 알맞은 수를 써 보아요.

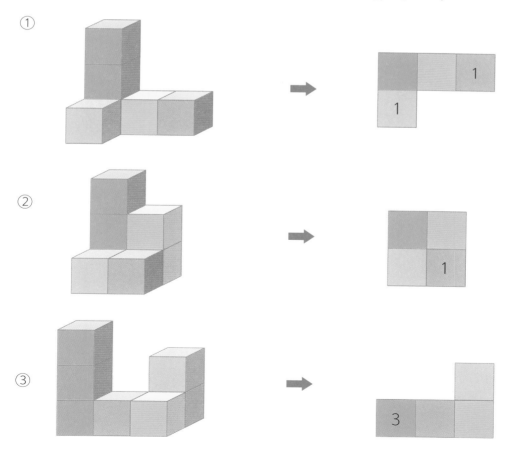

①

②

③

각 층에 필요한 쌓기나무는 몇 개일까요?

그림과 같은 모양을 만들기 위해 필요한 쌓기나무의 개수를 알아보아요.

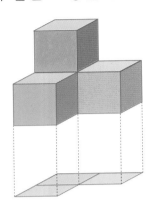

1층 : 3개
2층 : 1개

따라서 필요한 쌓기나무 개수는 3 + 1 = 4(개)

쌓은 모양을 보고 각 층에 사용된 쌓기나무의 개수를 알아보고 전체 쌓기나무 개수도 구해 보아요.

①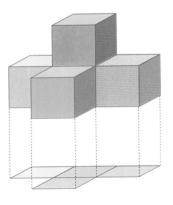

②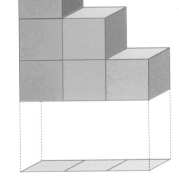

1층 ☐ 개

2층 ☐ 개

전체 ☐ 개

1층 ☐ 개

2층 ☐ 개

3층 ☐ 개

전체 ☐ 개

각 자리에 필요한 쌓기나무는 몇 개일까요?

그림과 같은 모양을 만들기 위해 필요한 쌓기나무의 개수를 알아보아요.

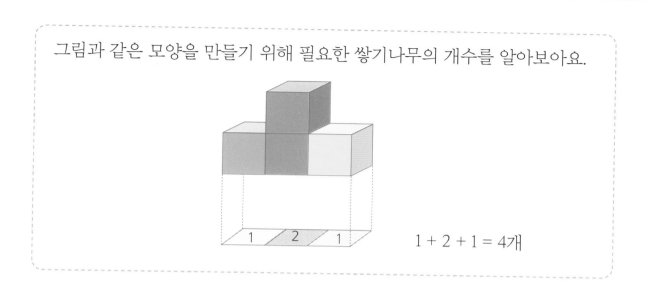

1 + 2 + 1 = 4개

바탕 그림 위의 각 자리에 놓여 있는 쌓기나무의 개수를 빈 칸에 써 넣고 전체 쌓기나무의 개수를 구하세요.

① ②

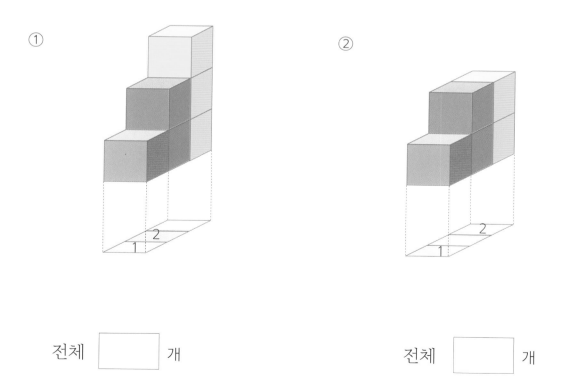

전체 ⬚ 개   전체 ⬚ 개

쌓기나무를 요리조리 움직여요

쌓기나무 개수 세기가 힘들 때는 일부분을 움직여 보면 세기가 쉬워요.

쌓기나무 개수를 세기 힘들 때는 일부분을 움직여 모양을 단순하게 만들어 보세요. 그럼 개수 세기가 훨씬 쉬워집니다.

(가)의 1번 쌓기나무를 (나)처럼 아래쪽으로 옮기면 세기가 쉽습니다.

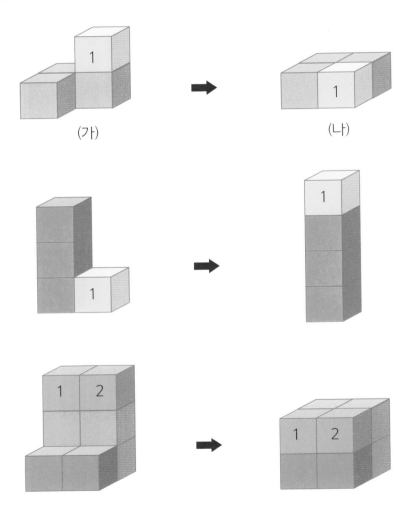

(가)　　　　　　　　　(나)

🧊 쌓기나무를 더 쌓아요

(가)를 (나)처럼 만들려면 (가) 쌓기나무의 빨간색 번호 자리 위에 쌓기나무를 하나 더 쌓아야 합니다.

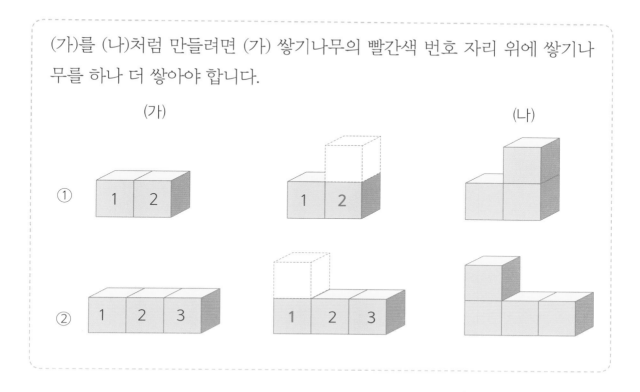

(가)를 (나)처럼 만들려고 해요. 몇 번 쌓기나무 위에 올려야 할까요? (   )에 알맞은 번호를 써 보세요.

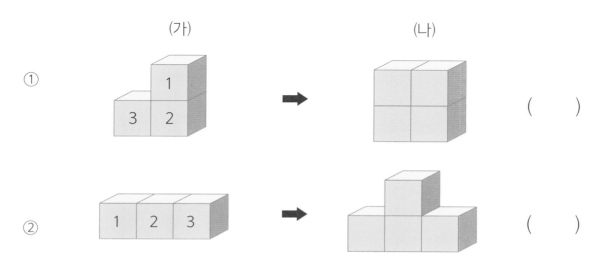

🎲 쌓기나무를 더 쌓아요

(가)를 (나)처럼 만들려면 (가) 쌓기나무의 빨간색 자리에 쌓기나무를 하나
더 쌓아야 합니다.

(가)를 (나)처럼 만들려고 해요. 쌓기나무를 올릴 자리에 빨간색을 칠해 보세요.

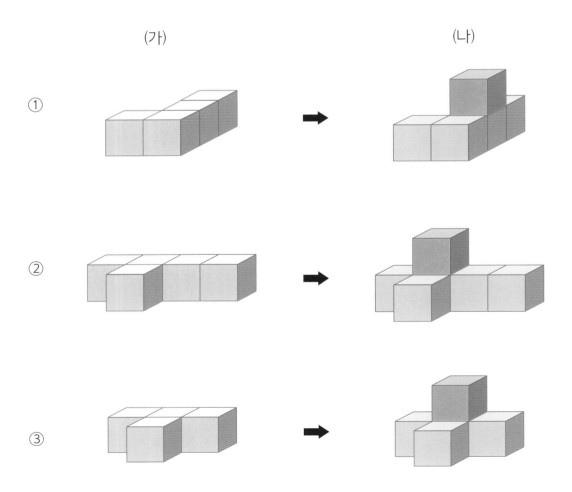

58

🎲 쌓기나무를 빼요

(가)에서 쌓기나무 1개를 빼서 (나)와 같은 모양을 만들려면 ①번 예시는 3번, ②번 예시는 4번을 빼야 합니다.

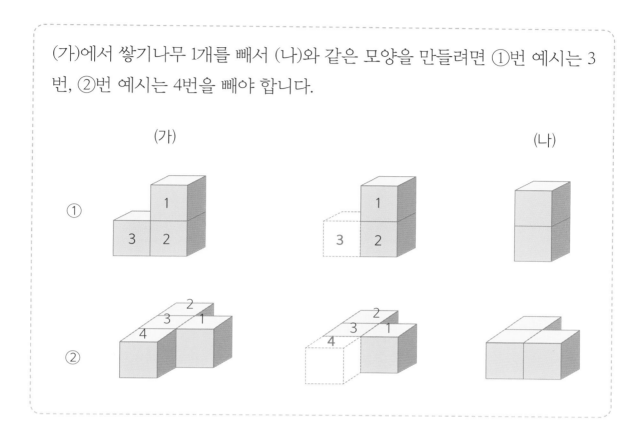

(가)를 (나)처럼 만들려고 해요. 몇 번을 빼야 할까요? 알맞은 번호에 ○표 하세요.

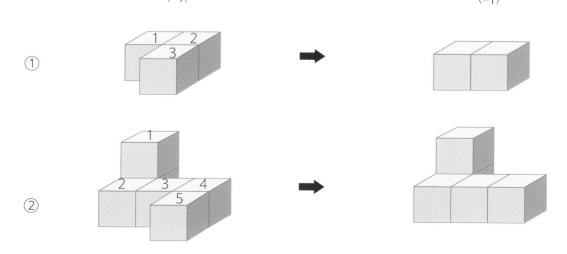

(가)를 (나)처럼 만들려면 (가) 쌓기나무의 파란색 자리에 쌓기나무를 하나 빼야 합니다.

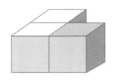

(가)를 (나)처럼 만들려고 해요. 쌓기나무를 빼야 하는 자리에 파란색을 칠해 보세요.

①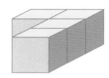

②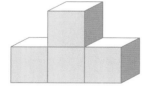

③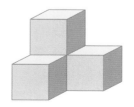

교과서에는 이렇게 나와요

1. 쌓기나무 5개로 서로 다른 모양 3가지를 만들어 보세요.

2. 컨테이너가 여러 개 쌓여 있어요. ①번과 ②번 중 검은색 선으로 표시된 부분과 똑같이 쌓은 모양은 어느 것일까요? 알맞은 번호에 ○표 하세요.

①

②

4 쌓기나무를 여러 방향에서 보아요

개념 꼭꼭 보는 위치에 따라 모양이 달라져요.

쌓기나무는 위, 앞, 옆 보는 방향에 따라 여러 모습으로 보입니다.
여러 개를 쌓을수록 점점 더 어려워집니다. 이럴 땐 쌓기나무에 색칠을
하거나 숫자를 적어 보세요. 찾기가 한결 수월해집니다.

위	앞	옆(오른쪽)
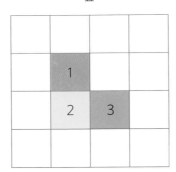		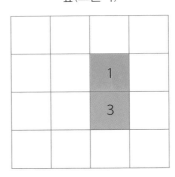

아이들은 보는 위치에 따라 모양이 달라 보이는 것을 잘 이해하지 못합니다. 그래서 앞, 옆, 뒤 모두
똑같이 보일 것이라 생각합니다. 쌓기나무를 여러 방향에서 보는 활동은 모양의 변화를 직관적으로 이
해하고 공간지각력을 기르는 데 도움이 됩니다. 쌓기나무뿐만 아니라 컵이나 신발 등을 아이와 함께
다양한 각도에서 확인해 보는 것도 좋아요.

위에서 본 모양을 찾아보아요

도형이가 열심히 사진을 찍고 있어요. '위'에서 찍으면 어떤 모습일까요?
맞는 것을 찾아 ○표 하세요.

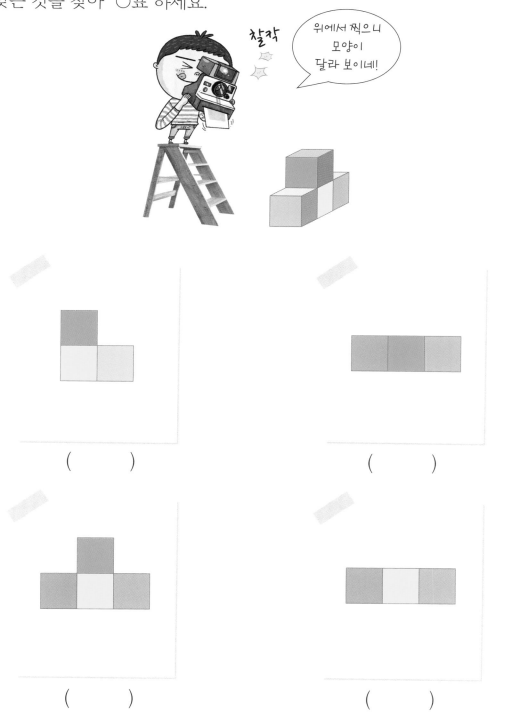

찰칵

위에서 찍으니
모양이
달라 보이네!

(   )

(   )

(   )

(   )

지영이가 그림을 그리고 있어요. 앞에서 보면 어떤 모습일까요? 맞는 것을 찾아 ○표 하세요.

(   )

(   )

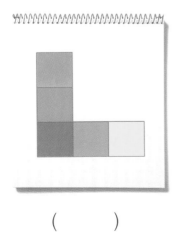

(   )

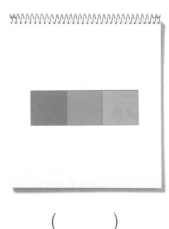

(   )

옆에서 본 모양을 찾아보아요

지영이와 도형이가 쌓기놀이를 관찰하고 있어요. 도형이 쪽에서 보면 어떤 모양일까요? 맞는 것을 찾아 ○표 하세요.

( )

( )

( )

( )

다음 쌓기나무를 위에서 보면 어떤 모양일까요? 아래 표에 알맞은 색을 칠해 보아요.

①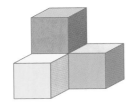

②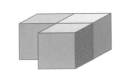

③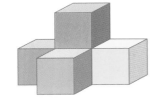

④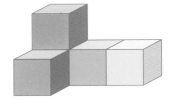

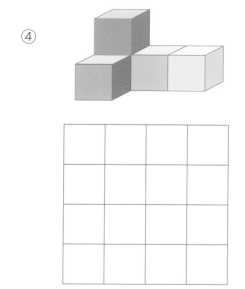

앞에서 본 모양대로 색칠해요

다음 쌓기나무를 앞에서 보면 어떤 모양일까요? 아래 표에 알맞은 색을 칠해 보아요.

①

②

③

④

67

옆에서 본 모양대로 색칠해요

다음 쌓기나무를 옆(오른쪽)에서 보면 어떤 모양일까요? 아래 표에 알맞은 색을 칠해 보아요.

①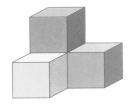

②

③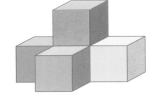

④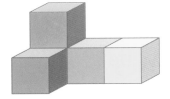

다음 쌓기나무를 위, 앞, 옆에서 본 모양대로 아래 표에 알맞은 색을 칠해 보아요.

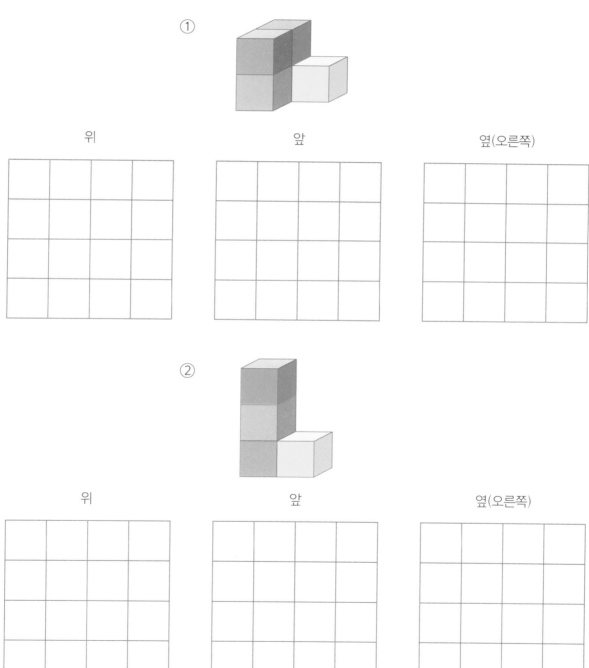

①

| 위 | 앞 | 옆(오른쪽) |

②

| 위 | 앞 | 옆(오른쪽) |

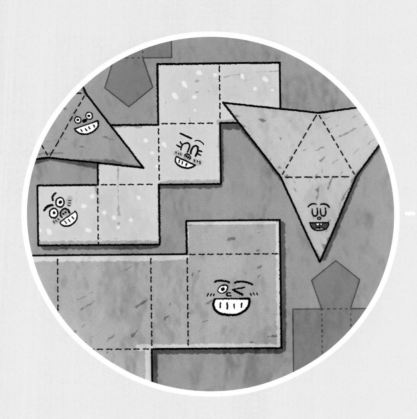

3부

전개도를 접어 보아요

전개도를 왜 알아야 할까요?

초등학교 5학년이 되면 직육면체와 정육면체의 개념 및 성질을 배운 다음 겨냥도, 전개도 찾기, 그리기 등을 배웁니다.

6학년 때는 직육면체와 정육면체의 겉넓이와 부피를 계산하는 활동을 합니다. 또한 각기둥과 각뿔, 원기둥과 원뿔의 전개도를 배웁니다. 겉넓이를 계산하려면 입체를 평면으로 펼쳐놓은 그림인 '전개도'를 알아야 합니다.

그런데 입체도형을 전개도로 그리거나 전개도로 입체도형을 만드는 활동은 쉽지 않습니다. 수연산을 잘하는 아이도 공간 지각 능력이 부족하면 힘들어합니다.

공간 지각 능력이 뛰어난 아이는 입체에 알맞은 전개도를 잘 찾고, 머릿속에서 전개도를 입체로 만들어 맞닿는 모서리와 마주보는 면도 잘 찾습니다.

하지만 연습을 통해 도형을 보는 눈을 기를 수 있으니 공간 지각 능력이 부족하더라도 걱정할 필요는 없습니다. 저학년 때부터 전개도를 눈으로 확인하고 실제로 접어 보는 활동을 하면 이후 교과과정을 쉽게 배울 수 있습니다.

11가지 전개도

정육면체를 만들 수 있는 11가지 전개도를 익히면 평면을 머릿속에서 입체로 만드는 능력이 커집니다. (돌리거나 뒤집어서 같은 모양이 되는 전개도는 11가지 전개도에 포함하지 않습니다.)

각 전개도끼리 무엇이 다른지 비교해 본 뒤, 부록에 있는 전개도를 잘라 정육면체를 만들어 보세요.

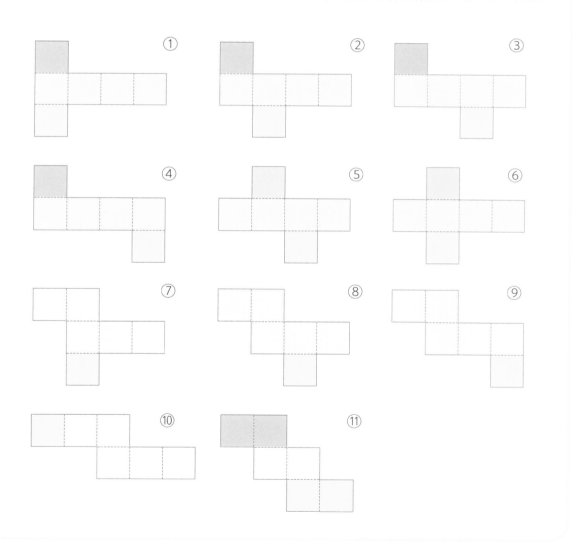

1 입체도형을 펼쳐 보아요

입체도형을 펼쳐놓은 그림을 '전개도'라고 합니다. 전개도를 접으면 입체도형이 됩니다. 접히는 부분은 점선으로, 나머지 부분은 실선으로 나타냅니다.

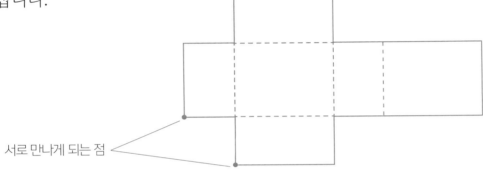

서로 만나게 되는 점

같은 입체도형이라도 전개도의 모양이 다양합니다. 바닥면을 어디로 정하느냐에 따라 뚜껑의 위치가 달라집니다.

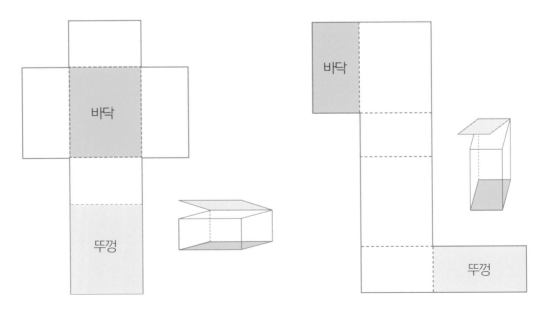

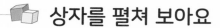 ## 상자를 펼쳐 보아요

집에 있는 과자상자나 휴지상자를 오려 어떤 모양이 나오는지 살펴보세요.

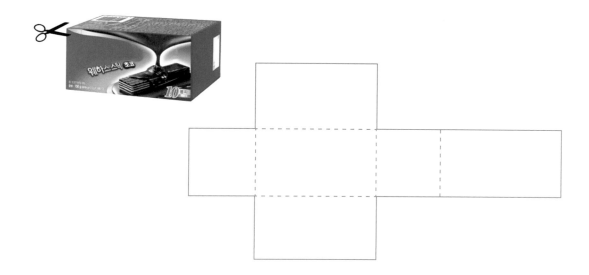

펼쳐진 전개도를 다시 접으면 다음과 같이 입체가 완성됩니다.

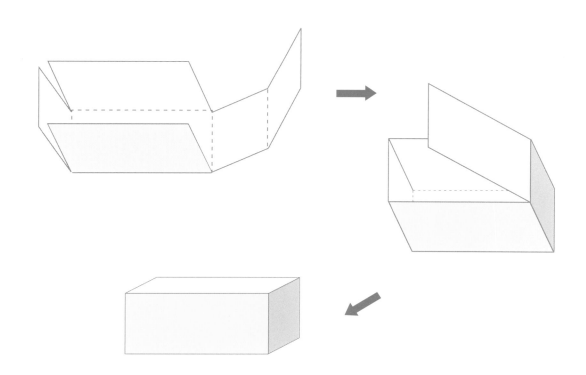

2 만들 수 없는 상자

개념 꼭꼭 마주 보고 있는 면이 있는지, 면의 모양이 같은지 확인하세요.

전개도 중에는 상자를 만들 수 없는 것들이 있습니다.
면이 마주 보고 있지 않거나 마주 보는 면의 모양이 다르면 상자를 만들
수 없습니다. 면의 위치와 모양을 꼼꼼히 살펴보세요.

<만들 수 있는 전개도>

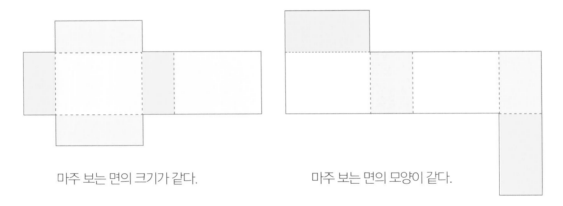

마주 보는 면의 크기가 같다.   마주 보는 면의 모양이 같다.

<만들 수 없는 전개도>

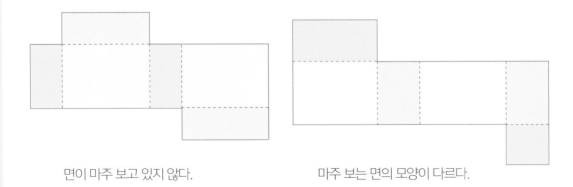

면이 마주 보고 있지 않다.   마주 보는 면의 모양이 다르다.

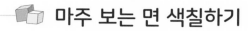 **마주 보는 면 색칠하기**

다음 전개도에서 마주 보는 면을 보기와 같이 예쁘게 색칠해 보세요.

전개도를 찾아보아요

다음 전개도 중에서 만들 수 없는 전개도를 찾아 ○표 하세요.

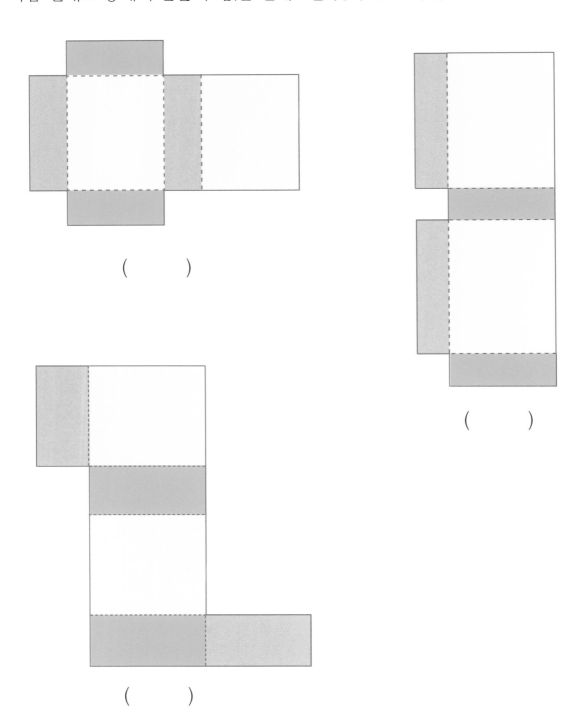

(   )

(   )

(   )

어떤 정육면체가 만들어질까요?

지영이가 친구 생일 선물을 넣을 상자를 만들고 있어요. 오른쪽 전개도를 접으면 완성되는 상자를 골라 ○표 하세요.

(   )

(   )

(   )

(   )

정답

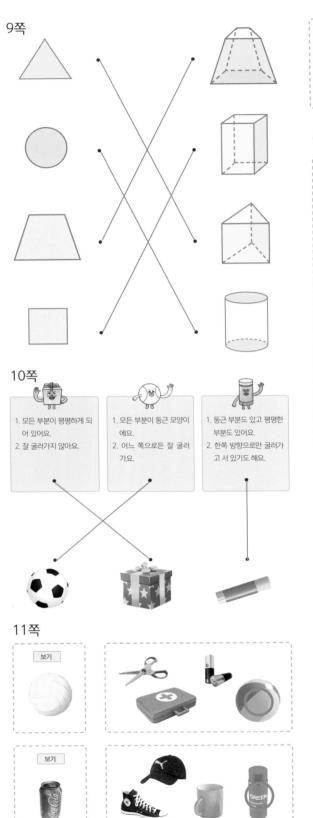

9쪽

10쪽

1. 모든 부분이 평평하게 되어 있어요.
2. 잘 굴러가지 않아요.

1. 모든 부분이 둥근 모양이에요.
2. 어느 쪽으로든 잘 굴러가요.

1. 둥근 부분도 있고 평평한 부분도 있어요.
2. 한쪽 방향으로만 굴러가고 서 있기도 해요.

11쪽

보기

보기

보기

12쪽

13쪽

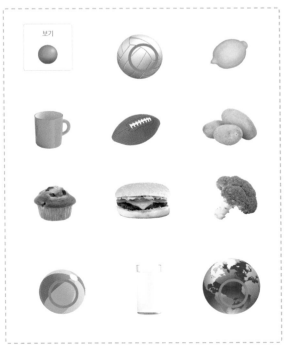

보기

82

14쪽

15쪽

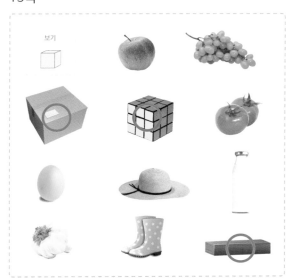

16쪽

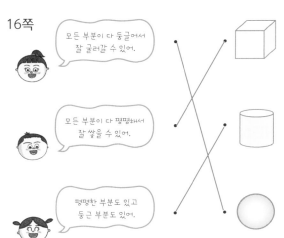

17쪽

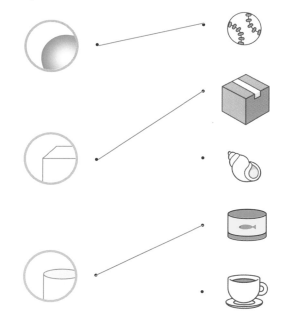

19쪽

20쪽

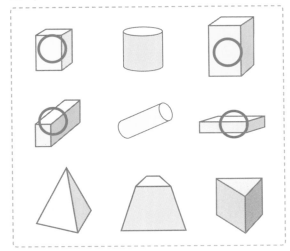

23쪽

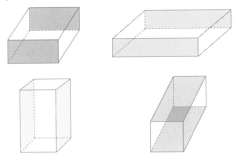

25쪽

21쪽

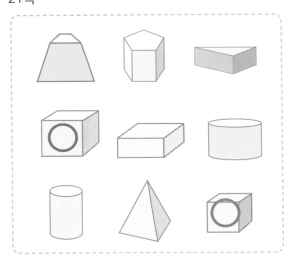

22쪽

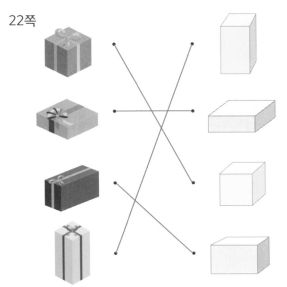

26쪽

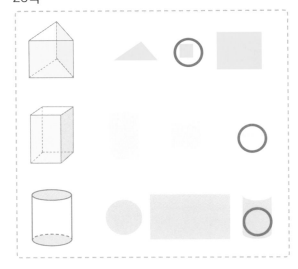

84

27쪽

삼각기둥, 원기둥, 오각기둥

28쪽

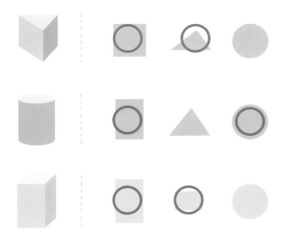

32쪽

33쪽

5 3 0 8점 / 3 5 0 8점 / 4 4 0 8점

29쪽

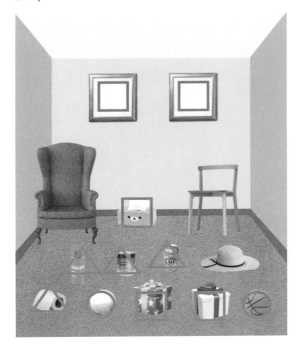

35쪽

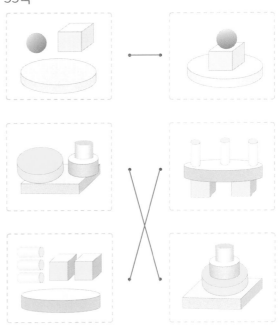

31쪽

36쪽

3 2 1 / 2 4 2

37쪽

2 5 1 / 4 4 4

38쪽

39쪽

40쪽

3 2 1

41쪽

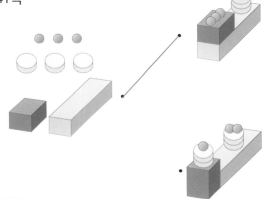

45쪽

① ② ④ ⑥

46쪽

① ② ④ ⑤

47쪽

④ ⑤ ⑥

48쪽

① ⑤ ⑥

50쪽

3 3 2 4 4 3 4 5 4

51쪽

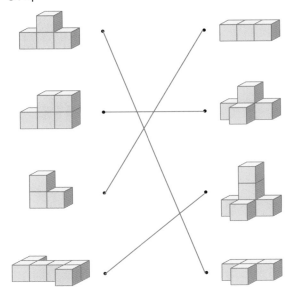

52쪽

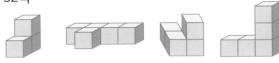

53쪽

54쪽

① 4 1 5 ② 3 2 1 6

55쪽

① 3 6 ② 2 5

57쪽

① 3 ② 2

58쪽

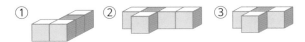

59쪽

① 3 ② 5

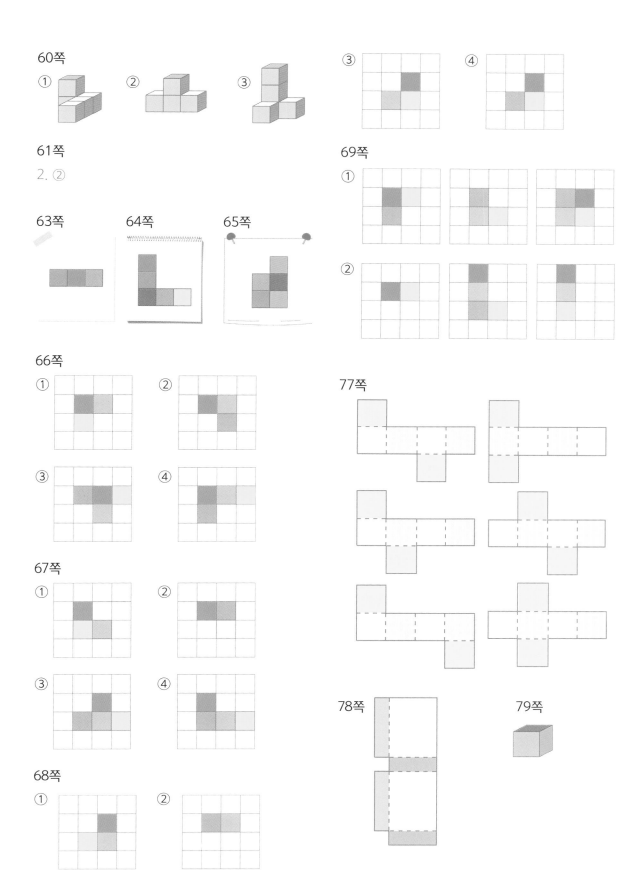

60쪽

① ② ③

61쪽

2. ②

63쪽 64쪽 65쪽

66쪽

① ② ③ ④

67쪽

① ② ③ ④

68쪽

① ②

69쪽

① ②

77쪽

78쪽 79쪽

부록

1. 11가지 정육면체 전개도

2. 14가지 과자상자 전개도

바르게 자른 다음 점선을 따라 접어 정육면체를 만들어 보아요!

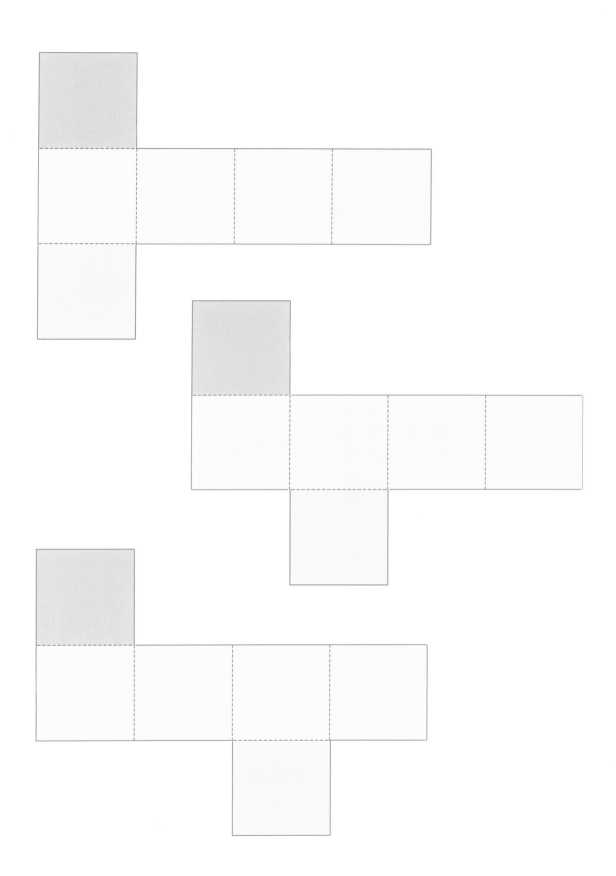

93

95

바르게 자른 다음 점선을 따라 접어 과자상자를 만들어 보아요!

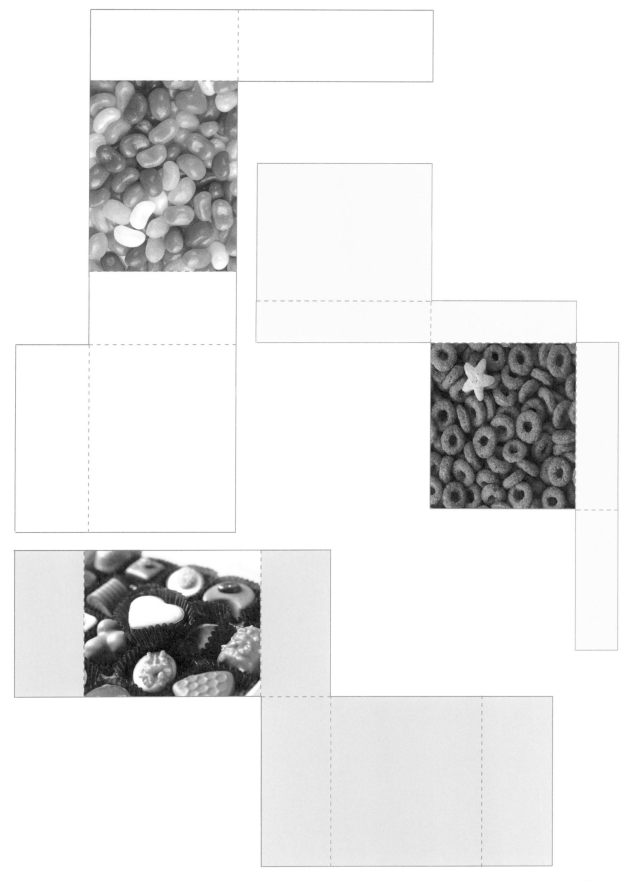

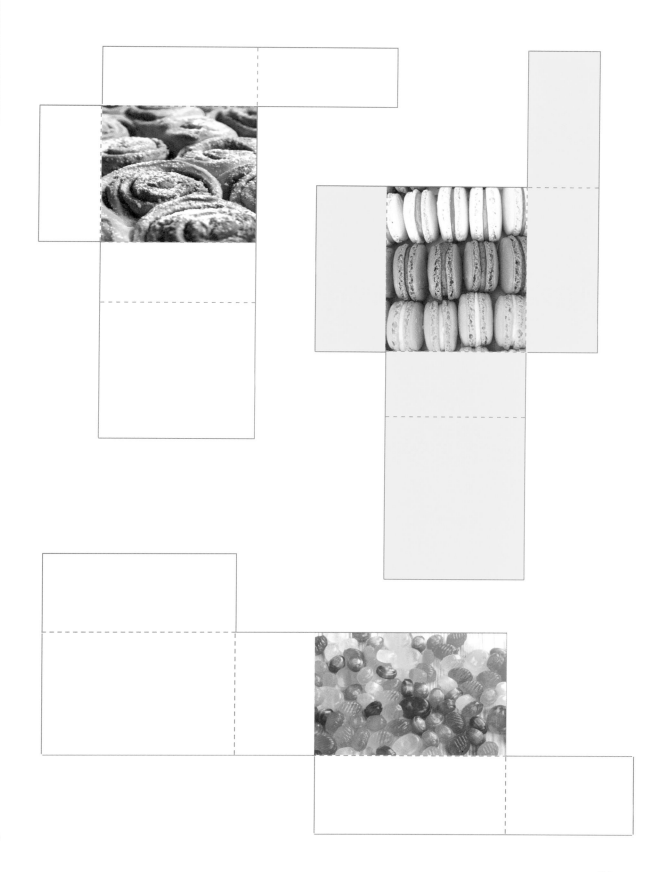

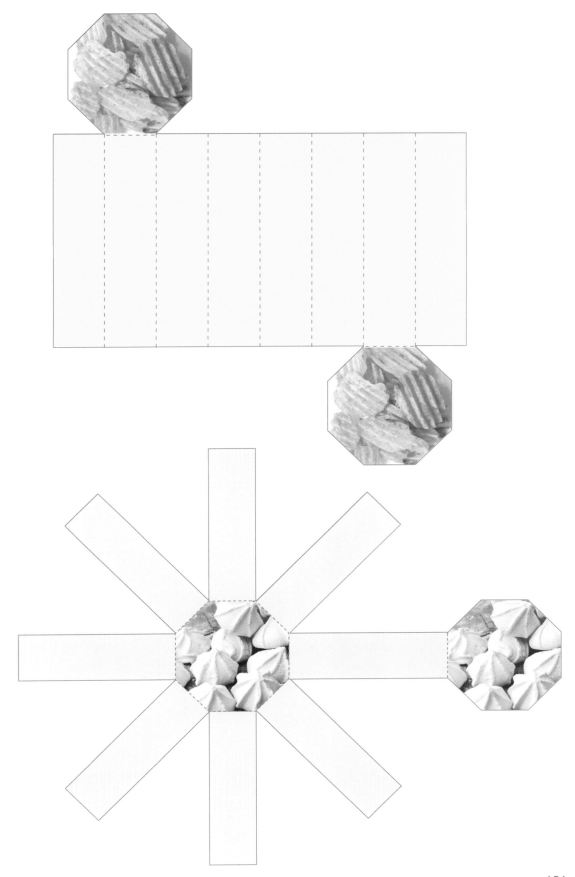

103